ックレット 013

原発の是非を問うことと、わたしたちがやるべきこと

ジャーナリスト
堀 潤

本書は、２０１３年7月14日にクレヨンハウスで行われた『原発とエネルギーを学ぶ朝の教室』での講演をもとにしています。２０１３年10月１日現在の状況やデータを加筆・修正のうえ、再構成したものです。本文中の注は、編集部作成。

クレヨンハウス

はじめに　公のルートで提供できない情報

ぼくは今年（２０１３年）の春まで、ＮＨＫでアナウンサーをしておりました。入局したのは２００１年です。最初は岡山放送局に５年間勤務して、そのあと東京に転勤になり、本当だったら今年で８年目を迎える予定だったのですが、退職しました。東京に来てからは、夜９時からの「ニュースウオッチ９」（＊１）という番組の現場リポーターをしていて、主に事件・事故・災害の担当でした。とくに過去５〜６年の間に大きな地震や水害、竜巻などがありましたので、各地を取材してまわりました。

はじめて原子力災害関連の取材をしたのは、新潟の中越沖地震（＊２）でした。この中越沖地震のときに何があったか、みなさん覚えていらっしゃいますでしょうか。

東京電力柏崎刈羽原発（＊３）から黒煙が上がったんです。あれは肝を冷やしましたね。ちょうど地震の被害に見舞われた住民や家屋の損壊状況を取材するため、刈羽村の近くにいたのですが、「原発が！」という知らせを受けて、現場に急行したら、たしかに黒煙が上がっていました。震える手で、スタッフみんなと、「線量計とか必要なんじゃなかったでしたっけ」なんて言いながら取材をしました。そのときに、東京電力の協力企業、俗に下請けと呼ばれる企業のみなさんとも、取材を通じてずいぶん親しくなりました。

それから数年後、２０１１年3月11日に東日本大震災が発生しました。

津波が襲来し、原発の事故が起きた、その日の夜に電話がかかってきました。

「堀さん、覚えてますか。新潟のときにお世話になった●●ですけれども。東京電力の協力企業の」

「あ、ああ！　どうですか、新潟のほうは大丈夫ですか？」

「ええ、地震は大丈夫なんですけれども、先ほど東京電力のほうから関連企業に対して『関東圏に退避したほうがいい』という話が入ってきたんです。わたしたちはこれから、新潟から長野のほうに逃げます。東京のほうはどうでしょうか。テレビを観ていると、『原発の事故はまだ大丈夫だ』というような放送がありますけれども、内々にそういう話が来ているので、何とかテレビで伝えてはもらえないでしょうか」

というお話でした。

後日、3月11日から15日頃にかけて、住民の皆さんや自治体職員の皆さんがどのように情報を受け取り、避難したのか証言を集めてまわったのですが、とくに福島県の浜通り、つまり海沿いですね、まさに原発立地町である大熊町の方からは、当時の状況を物語る生々しいお話をうかがったこともあります。

「3月11日の夕方から夜ぐらいにかけてですかね、バスがたくさん着いたんですよ、（東京電力の関係の）団地に。で、『あ、バスが着いた』と思って見ていたら、東京電力の関係者のひとたちがどんどんバスに乗っていくんです」

「『どうしたんですか、原発の事故ですか、ひょっとして』と訊いたら、団地のひとは『そうなのよ、あなたたちも早く逃げたほうがいいわよ』と言ってバスに乗って、大熊町から東京電力の関係のところへ避難していきました」

それを受けて地元の方々も「避難が必要なんじゃないか」という話になったそうです。

楢葉町という、東京電力福島第一原発から南におよそ20～30キロメートルくらいのところにある町の町議会議員さんたちに聞いても、やはり**情報というのは後手後手にまわっていました。公のルートで情報が入ってこないんです。**一方で、大熊町も楢葉町も、東京電力で働いている方が結構多いので、そういう方々のホットラインからは「逃げたほうがいい、危ない状況だ」という、そんな話が入ってきていたわけです。

当時、**大手メディアに何が起きていたかというと、原発災害の情報に関しては、「パニックを引き起こさない」ことが暗黙の了解になっていました。そのため、情報発信はより慎重に慎重に抑制されて、放送する内容が決められていました。**ぼく自身は、ニュースセンターにいて先ほどのような電話を受けたり、のちのち自分で取材しながら、大きなメディアのなかで、伝えられない情報へのジレンマみたいなものを抱えながら過ごしてきたわけです。

＊1　「ニュースウオッチ9」……NHK総合テレビで、毎週月～金、夜9時から放送されているニュース番組。

＊2　新潟県中越沖地震……２００７年7月16日に発生した地震。震源は新潟県中越地方沖。最大震度は6強（気象庁発表）。新潟県のほか、長野県、石川県で震度5以上を観測し、各地で死傷者を含む被害が出た。

＊3　柏崎刈羽原発……新潟県柏崎市にある、東京電力の原子力発電所。新潟県中越沖地震（＊2）の際、稼働中だった原子炉はすべて緊急停止したが、揺れにより使用済み核燃料プールの水が施設内にあふれ、配管のすきまから海にまで流れ込むなどした。震災後、近隣住民への情報伝達が遅かったこと、原発設計時の震度の想定が甘かったこと、周辺海域にある活断層の存在を見落としたことなど多くの不備が問題となった。中越沖地震後、1、5、6、7号機が運転を再開したが、２０１３年10月現在、全基が定期点検のため停止中。

第1章　強くて弱い、放送メディア

●はじまりはメディアへの疑問

まず、ぼくが２００１年になぜＮＨＫに入局したか、なぜマスコミの世界に入ったかに触れておきたいと思います。

ぼくは大学の専門がプロパガンダ（主義・思想の宣伝のこと。自分のもつ主義・思想を他人にも共有させようとするときに行われる）でした。立教大学のドイツ文学科という、極めて就職には結びつきにくい学科にいました。しかも、バブル崩壊後の超氷河期なんて言われる時代でしたから、就職活動にはみんな暗い気持ちで挑んでいたと思います（笑）。なぜドイツ文学科に入ったかと言うと、カフカが好きだったからです。中学生のときに、カフカの『変身』（１９１５）を読みました。『変身』はいわゆる不条理の世界を描いている小説で、それが非常に好きだったこともあって、ドイツ文学科へ行こうと決めました。でも、入学してから気がついたのですが、カフカは現在のチェコ生まれだったんですね。微妙にずれていたな、と思うことはあったのですが（笑）。大学3年生の後半から4年生にかけて、プロパガンダに興味をもち、『ナチス・ドイツのプロパガンダと大日本帝国下のＮＨＫ』というのを卒論のテーマにして、いろいろと取材研究をはじめました。

どうしてプロパガンダに興味をもったかと言うと、これははっきりと「そういう時代」だったからだと思います。ぼくが学生の頃、メディアが冤罪事件を助長するようなことが多かったのです。たとえば、オウム真理教（＊４）関連事件は、冤罪事件をつくるのに、メディアが非常に加担していました。

松本サリン事件（＊５）では、警察からのリーク（情報漏洩）によってマスコミが先行して取材をし、ある家のご夫妻が、あたかもサリンを撒いたかのように報道しました。このご夫妻の妻が、サリンによって重体の状況が続いていたにも関わらず、近隣から「あの家がやったんだ」と思われ、全国から「あいつらがやったんだ」と思われたわけです。そして、それ以外の主張というものが封殺されていきました。いわゆるメディアスクラム（＊６）みたいなものを組むわけです。

それから、坂本堤弁護士一家殺害事件（＊７）。これもことの発端になっているのは、民放局ＴＢＳが取材したテープを、事前にオウム真理教の幹部に見せたことです。それにより、オウム真理教に批判的で、宗教法人の認可取り消しを求めようとしているのが坂本弁護士であると特定されて、オウム真理教は犯行に及んだ、と。ほかにも同じように、マスコミに対する不信感を募らせていくようなことがどんどんどんどん増えていきました。坂本弁護士のテープを見せたＴＢＳは、それまでは「報道のＴＢＳ」と呼ばれるくらいでしたが、この事件でその名称が地に墜ちました。

当時、筑紫哲也（＊８）さんが「筑紫哲也ＮＥＷＳ23」（＊９）のキャスターをやっておられましたけれども、「ＴＢＳは死んだ」と話をされるようすは、学生から見てもやはり異常でした。「報道が死ぬ」って一体何だ？　と。そういうことを考えているうちに、「マスコミの在り方を問いただしたい」と思うようになりました。

＊４　オウム真理教……新興宗教団体。２０００年に、破産のため同名の団体は消滅。２０１３年10月現在、「Aleph」などが系列団体として一部の信者を引き継いで活動している。１９８９年の坂本弁護士一家殺害事件（＊７）、１９９４年の松本サリン事件（＊５）など多くの事件を起こし、設立者であった麻原彰晃（本名・松本智津夫）が死刑判決を受けた（２００４年２月27日）。

＊５　松本サリン事件……１９９４年６月27日に長野県松本市で起きた事件。教団施設の建設をめぐる地域住民との訴訟問題を動機として、住宅街にサリンが撒かれ、死傷者が出た。翌１９９５年に起きた地下鉄サリン事件（通勤時間帯の地下鉄丸ノ内線の車内にサリンが撒かれ、多数の死傷者が出た事件）をきっかけに、警察がオウム真理教へ強制捜査に入り、真犯人が発覚した。

＊６　メディアスクラム……大手メディアが取材対象に押しかけてつきまとい、必要以上の報道をくり返すこと。

＊７　坂本弁護士一家殺害事件……１９８９年11月４日に起きた事件。坂本堤弁護士および妻と息子が殺害された。遺体が隠されたことで、当時は失踪事件として扱われていたが、松本サリン事件（＊５）と同じく、地下鉄サリン事件をきっかけに、殺害に関わったオウム真理教メンバーが自供し、犯行が発覚した。

＊８　筑紫哲也さん……ジャーナリスト、ニュースキャスター（１９３５～２００８年）。朝日新聞で記者として勤務したのち、ＴＢＳにて「筑紫哲也ＮＥＷＳ23」（＊９）のキャスターを務めた。坂本弁護士一家殺害事件（＊７）では、オウム真理教メンバーに取材テープを見せたことを隠し続けていた、自局の対応を批判した。

＊９　「筑紫哲也ＮＥＷＳ23」……ＴＢＳにて、平日夜11時台に放送されていたニュース番組。現「ＮＥＷＳ23」。

●中央集権化に使われた公共放送

ナチス・ドイツと日本は同盟国だったので、ナチスのプロパガンダを日本は見習って、日本放送協会、つまりＮＨＫが率先して受け皿となり、プロパガンダを実践していきました。

１９３３年にナチス政権（＊10）が誕生します。国民の正当な選挙によってヒトラーは選出されました。ナチスのヒトラーというのは、いわゆる民主政権なのです。ただし、当時の支持率は38・4パーセントくらいで、決して高くなかったんです。それなのに、どういうふうにしてあの国家をつくっていったかと言うと、まずヒトラーは宣伝省というプロパガンダ専門の省をつくりました。そして、当時できはじめたばかりのラジオ局を中央集権化したわけです。ローカル局の個性をすべてなくして、単なる中継の受け皿という役割だけにしたのです。流す情報は全部ベルリンの宣伝担当省からの命令によるもので、国の隅々まで情報が行き届くようにしました。ゲッベルス（＊11）という有名な宣伝担当大臣が当時、映画・映像・音楽・宣伝ポスターなどを総動員して、「わたしたちドイツ国民は非常に優秀だ」ということを宣伝しました。当時のドイツは、第一次世界戦争の敗北によって、身ぐるみはがされてしまったような状態でした。そんなドイツが、ふたたびフランスやイギリスの列強を乗り越えて強くなるためには、疲れきった、弱りきった、そしてまだ教育が充分に行き届いていない「大衆」を、いかに「国民」にしていくかが重要だったわけです。「国民」とはつまり、国家に帰属した、愛国心の芽生えた民であり、それをつくり上げていくことが最優先されました。

そのようすは逐一、日本にも伝わりました。明治維新後、大正を経ての日本ですが、いわゆる治安維持法（＊12）というものがつくられていた頃です。日本もドイツと一緒で、アメリカやイギリス、フランス、ロシアに対抗するために強い国をつくり上げていかなければならないという時期でした。「大衆を国民化するんだ」ということで、ドイツとまったく同じようにローカル局が廃止されて、中央に逓信省《ていしんしょう》という、いまの総務省の管轄化に日本放送協会が置かれて、プロパガンダを展開していくわけです。こうした日本のマスコミにおける、最大の汚点は何かというと、第二次世界戦争下の大本営発表（＊13）です。「日本は勝つんだ」ということを信じ込ませて、幼い子どもにいたるまで「一億総玉砕」（＊14）を浸透させました。つまり、プロパガンダを展開することで、国民を戦争に巻き込むという、非常に強い力が働いたわけです。

＊10　ナチス政権……「ナチス」は国家社会主義ドイツ労働者党という、かつて存在したドイツの政党の通称。アドルフ・ヒトラー（１８８９～１９４５年）が党首となったのち、第1党となり、ついにはヒトラーが首相に任命され、独裁体制を敷いた。１９４５年のドイツ敗戦により解党。

＊11　ゲッベルス……ドイツの政治家（１８９７～１９４５年）。ヒトラー首相の元で「国民啓蒙・宣伝省」の大臣を務め、戦前戦中のドイツ国民を戦争へと駆り立てた。

＊12　治安維持法……１９２５年に公布、１９４５年に廃止された法律。結社や個人行動の自由を認めず、違反者には極刑も適用されるなど、言論・思想の自由を奪った。

＊13　大本営発表……「大本営」は戦時に設置される、天皇直属の最高統帥機関のこと。とくに第二次世界戦争時、日本に不利な戦況を隠し、常に日本が勝ち続けているという偽った公式発表をしていた。

＊14　一億総玉砕……第二次世界戦争時、日本軍が掲げたスローガンのひとつ。国民全員（＝一億）が、すべていのちを賭ける（＝総玉砕）覚悟で戦争に臨め、というもの。とくに第二次世界戦争終盤、本州での戦闘が予想されていた頃に提唱された。

●放送メディアは「間違っていた」とは認めていない

ぼくはそういうプロパガンダの歴史を見ながら、あることにすごく興味をもちました。それは「戦後の迎え方」です。

ナチス・ドイツは、先ほども言ったように、自分たちの選挙でヒトラーを元首として選出しているものですから、戦争が終わったあとに、自分たちを非常に厳しく律するんですね。とくに西ドイツは、メディア環境をかなりオープンにし、かつ市民に解放して、ナチス時代の深い反省の元に国家をつくっていきました。

ところが日本の場合は、ご存じのように、戦前と戦後の境界線が非常にあいまいです。「ぬるっとした」という表現が一番適しているんじゃないかなと思いますが、メディアの内側を見ますと、朝日・読売・毎日・日本放送協会と、主要プレイヤーが戦時中とまったく変わらないわけです。

ただ調べてみると、新聞社はジャーナリズム機関として、自らの過ちを検証、謝罪し、反省を込めた行動をしています。毎日新聞の西部本社は終戦の日に何をしたかというと、1面に「終戦を迎えた」というポツダム宣言受諾の記事を出しますが、終戦からおよそ3日間、毎日2面を、ほぼ白紙にして反省の意を表しました。「わたしたちは間違っていた」と。朝日新聞も、社説で「わたしたちがいかに大本営発表に加担したことが過ちだったか」、そして「新しい民主主義の国をつくるために何をするのか」というようなことを論じました。

しかし、**放送サイドは、国民に対してあまり明確に「わたしたちは間違っていました」という放送はやっていません。**たとえばＮＨＫの会長が出てきて「間違っていました」と頭を下げるような映像は見たことがないですよね。まあ、頭を下げる映像自体は、10年位前に不祥事（＊15）が吹き荒れたときにありましたけれども（笑）。大本営発表の責任について問われたとき、放送サイドは旧逓信省の管轄下においては、いたしかたない事実だったとする姿勢が今日まで続き、責任の所在も明確になされていないというのが、実感です。

＊15　ＮＨＫの不祥事……２００４年に、制作費の不正支出が週刊誌によって報じられ、そこから芋づる式に内部のさまざまな問題点や不祥事が明らかになり、受信料の不払いが続発した。

●ＮＨＫに責任を取らせたい！

放送サイドの発言を学生時代に聞いたときに、「日本のメディアには、まだ戦後が来てない」と思いました。同時にそういう状況下で、「冤罪事件を生み出してしまうメディア主導の体制は、戦時中から続くタイムラインのなかに存在し、横たわっているな」と感じました。当時、文学部の青年としては就職口もないし、商社に入るとか銀行に入るという気持ちもないので、ここはもうメディア業界に入って、社会をよくするしかないと考えたわけです。ただ「テレビ局に入るのは大変だろうな」と思っていたので、80パーセントくらいは「フリーランスの記者になって、週刊誌などに記事を売る」つもりでいました。よく電車の中吊り広告に「巨大メディアが伝えない本当の●●」なんて見出しがありますね（笑）。ああいうのを見ながら「絶対これをやるんだ！」と思っていたわけです。ただ、「ＮＨＫという本丸の中に入るのもいいなあ」と思ってもいたので、ＮＨＫも受けました。

ＮＨＫの入社試験で、プロパガンダ、大本営放送の話もしました。「ＮＨＫはまだ責任を取っていません！」などと言って。そうしたら、現場のディレクターやプロデューサーなんかは「やっぱりそうだよな！」と言って、おもしろがってどんどん上の選考に送ってくれました。そして、最終面接で役員のひとたちと話すことになりました。

「何で君はＨＮＫに入りたいんだ」

「日本にはまだまだ戦後メディアの改革が必要で、その先鋒のＮＨＫを変えないといけないと思っているんです」

「君はこの巨大な官僚組織をどうやって変えるんだ」

「いや、一生懸命話せばわかると思います！」

「君はずいぶん性善説なやつだなあ。でも、そういうふうに思うんだったら一緒に働こう」

役員のひとたちが笑って、そう言ってくれ、**「ＮＨＫでメディアを内側から変えるのが自分の役割なんだ」**と思って、２００１年に入局しました。

当時のＮＨＫには海老沢勝二会長という方がいて、極めて権力化していて「強いＮＨＫ」でした。ジャーナリズム機関としても、たとえば24時間のニュースをはじめたいなど、放送事業に非常に力を入れていました。一方で、２００４年に不祥事が発覚し、ＮＨＫの堕落したようすが相次いで表に出てきました。ディレクターが放送機材をオークションで売ったなどということが明るみに出て、「ＮＨＫは解体すべし」「受信料なんて払いたくない」という声が出ました。

そのときに「ＮＨＫの人間に受信料を任せているのはまかりならん」と、資産を管理する役割として、とくに経団連系、自動車メーカーなど重工業系の方々が組織に入ってきました。同時に、産業界からの会長や、経営委員会という第三者機関などにより、ＮＨＫを経営するグループが強化されていきました。現場としては「産業界から会長が来るのか、大丈夫だろうか」という感じでしたが、そのときにアサヒビールから来た福地茂雄さんというひとはすごく懐の深い人物で、現場のこともよくわかってくれていました。ニュースセンターにふら～っと来て「みんなが一番働きやすい環境をつくりたいんだ。政治部だ、社会部だ、経済部だ、国際部だ、ディレクターだ、アナウンサーだと、みんな縄張り争いをしていて、とくにセクション間で垣根がある。これから経営的にも合理化していかなければいけないから、利益をあげるという意味ではなくて、もっと情報を共有しなきゃいけないよね」と、セクションを超えた混合チームをどんどんつくっていくなど、すごくよい形になっていきました。

●改革の旗印、「ニュースウオッチ9」への参加

その時期に立ち上がったのが、「ニュースウオッチ9」という番組でした。不祥事からの改革の旗印として「9時のニュース」が立ち上がったんです。オーディションが開かれて、そのときぼくは岡山放送局にいたので、岡山から東京にDVDを送り、選考の結果、東京へ行くことになりました。岡山にいるときから、NHKの不祥事が聞こえていて、トップがなかなか責任の所在を明確にしないことにいらだちを覚えていました。でも「ニュースウオッチ9」の部屋に行くと、同じようにいらだちを覚えていたひとたちが、上層部から現場までみんな集まっていて、うれしかったですね。そこにいるようなひとたちは、だいたいそれまで出世するのがすごくへたなひとばかりでした。すぐ上司に噛みつくとか、非常に気概があるけれども組織ではうまくやっていけないというひとたち。各セクションに散らばっていたそんなひとたちがピックアップされて、「ニュースウオッチ9」に集められていたんです。まず、みんなで何をやったかというと、「いかにうちの『ニュース7』（＊16）がダメか」という話をするんですね（笑）。「また発表もの（＊17）ですよ、部長！」なんて言いながら。一方で「報道ステーション」（＊18）を見て、「あっちは結構斬り込んでるなあ」とか話していました。

では「ニュースウオッチ9」はどういうプロジェクトになったかというと、とにかく発表ベースのニュースではない、現場発のニュース番組をつくりたいと考えていました。「ニュース7」が発表ベースで「白」だと言うのであれば、「ニュースウオッチ9」は独自取材で「黒」だと

言えるようなニュースになろう、それが改革だ、と。ですので、報道が本来やるべきだった**「徹底した現場取材」**をメインに据えました。NHKのニュースというのは、結構、ほかのテレビ局に比べると信頼度が高いと思うのですが、実情を言うと「もっと取材をしてもいいんじゃないか」と思うことがたくさんありました。

＊16 「ニュース7」……NHK総合テレビで、毎日夜7時から放送されているニュース番組。
＊17 発表もの……警察や消防などが発表した内容をベースにつくられたニュースのこと。
＊18 「報道ステーション」……テレビ朝日系列で、毎週月～金、夜9時54分から放送されているニュース番組。

●現場取材ありきの報道がなぜ重要か

たとえば、ぼくが取材をしたなかで、やはり現場取材は大事だと思った一例を説明します。

兵庫県の宝塚市のカラオケ店が火災を起こして、高校生が何人も亡くなったという事件（＊19）がありました。そこは倉庫を違法に改築して、ベニヤ板をたくさん貼った安上がりなカラオケ店を経営していたのです。1階部分に調理場があって、フライドポテトを揚げていたら炎上し、ベニヤ板で仕切ったカラオケ部屋にいた高校生たちが、火事に気がつかず逃げ遅れて、そのまま亡くなってしまいました。

警察や消防がすぐに現場検証して、「違法建築で火災、経営者と調理場担当を業務上過失致死傷の疑いで取調べ中」という発表があり、兵庫県で記者会見も開かれました。事件が起きると、このように警察が発表します。新聞各社の夕方の1面は「違法建築で火災、高校生死亡、業務上過失致死傷容疑で取り調べ」と出ました。

それをぼくは東京で見ていて、これは深刻な事件だということで、すぐに兵庫県へ入り、取材をはじめました。

「そもそもなぜ消防は、この違法建築に気がついていなかったんですか？　査察とかするでしょう、ふつう」

「いやいや、登記上はあそこは倉庫なので、われわれはなかなか気づく余地もなかったんです」

「そうですか。やはり違法建築は許せませんね」

会見では、警察と記者の間でこのような論調になっていました。

ところがぼくが取材に行くと、幹線道路沿いに「カラオケ店はこちら」という大きな看板が掲げられているのを見つけました。そこで、「いくら知らないと言っても、こんな大きな幹線道路沿いに、大きな看板があるのを、消防も警察も知らないわけがないんじゃないか」と考えました。現場取材は、周辺の民家を1軒1軒まわって話を聞いていきます。このときは「警察や消防は（違法建築のカラオケ店の存在を）知ってたんじゃないですか？」と聞いていきました。「いや、ちょっとわからないです」「どうかなあ」という答えが続き、残すは地元でも有名な「マスコミ嫌いの家」だけになりました。行くとすごく怒鳴られる家で、最初はぼくも怒鳴られました。

「なんだ、おまえ、NHKか！」

「はい、すみません、NHKなんですけれども……」

「さっきもNHKが来たぞ！」

「あ、さっきのNHKと、このNHKはちょっと違うんです」

「よくわからないな！　帰れ！」と言われて（笑）。

でも、非常に正義感の強いひとだな、と感じました。記者に厳しいのは、「マスメディアがちゃんとしたことを伝えてくれない」という不信感があるからだと思ったわけです。ほかのところを取材しても、やっぱり有力な情報は聞けなかったので、またその家に戻りました。

「何かご存知なんじゃないんですか。高校生が亡くなっているので、どうしても事件の真相を明かしたいんです」と話しました。

そうしたら、そうやって何回も何回も来る者はいなかったみたいで、ついに

「あのカラオケ店は、ついこの間も宝塚消防署が忘年会に使っていた。そのときに停めていた車のナンバーも所有者も、全部わかっている」

と話してくれました。

「本当ですか」と驚くと、「俺は宝塚市で働いている」と。

「宝塚市では元々行政の腐敗みたいなものが進んでいて、いわゆる談合に近い随意契約がどんどん横行していたりして、ろくな奴がいない。消防も堕落している。そういうなかで事件が

起きた。俺はこれまでも宝塚市で汚職があることを、新聞記者にも言ってきた。でもあいつらはまったく取り上げず、むしろ仲良くなっていつまでもずるずる取材をしている」とおしえてくれました。

「今回はちゃんと伝えてくれるんだろうな？」ということでしたので、ぼくは「ちゃんと伝えます」と答えました。そして、周辺の取材を固めて、「消防はカラオケ店の存在を知っていた」と確信しました。すぐに東京に報告をしました。

「いま警察と消防は知らないと言っていますが、少なくとも消防は知っていますね。地元住民からの話で忘年会などに利用していたという情報が入っています」

「堀、でもそれは住民が言っているだけじゃないのか。裏は取れるのか」

つまり、「直当《じかあ》たり」できるか、ということです。「直当たり」というのは業界用語で「直接、本人に真意を確かめる」ということです。「わかりました。直当たりしましょう」と答えました。

そして、撮影クルーと一緒に宝塚消防へ行きました。でも、もう関西の地元のメディアががっちり入っているので、ぼくたち東京からポッと来たクルーというのは、なかなか入り込めないんですね。「関西ジャーナリズム」ということばがあるくらい、関西から見ると東京は「お上《かみ》の言っていることを垂れ流しているようなやつら」、「堕落したマスコミ」と思われているんです。でも、そんな気概のあるジャーナリストたちがいる関西でさえも、事件の真相を伝えきれていませんでした。ぼくらは広報の担当者に「すみません。東京から着いたばかりで会見にも出てないので、まったく情報がわかっていません。通りいっぺんのことでよいので、ちょっとおしえてもらええませんか」と交渉しました。そうしたら「じゃあ、別室で。会見の内容と同じでいいなら、どうぞ」と言って、別室に通してくれました。

そうして部屋に入り、カメラを据えて、インタビューをはじめました。

「事件のことについておしえてください。どうしてカラオケ店の存在に気づけなかったんですか」

「いやあ、違法建築で、わたしたちの査察の対象からも漏れていたので……」

最初の3~4分くらいは、これまでの話をくり返すだけでした。

「でも、本当は倉庫がカラオケ店だと知っていたんじゃないんですか?」

「え、いや、わたしたちは知りません」

「地元の住民の方々から、消防署のひとがあのカラオケ店でよく会合を開いていたという話も聞いているんですけれども。……本当に知らなかったんですか?」

「いや、わたしたちとしては、まったく関係がありません」

「地元の住民の方のお話によると、副署長さん、消防隊員さんなどのお名前もあがっていますけれども。本当に知らなかったんですよね? 高校生が何人も亡くなっていて、親御さんは本当のことを知りたがっていると思うんですけれども、いかがでしょうか」

すると40代後半~50代くらいの広報担当の男性が目に涙をちょっと浮かべて、「……じつは知っていました」と。

「当初はわたしたちも、現場の隊員があの店に通っていたということを把握していませんでしたが、その後、内部で調査を進めるなかで、飲み会の会場に使っていたという情報があり、いま聞き取りを進めているところです」

「どうして査察しなかったのですか？　事前に審査しなかったのですか？」

「あまりにも馴染みの店だったので、まさかあのカラオケ店が違法建築だったことにさえ、最初から気づきませんでした」

「じゃあ、消防のほうはカラオケ店の存在を知っていたということでよいのですね」

「……はい」

この話を、カメラが回っているところで、広報の方がしてくれたわけです。このままNHKの全国放送で「知っていた」という話を流したら、このひとはクビになるだろうなと思いましたので、そこで一度、カメラのスイッチを切りました。

「本当にこれを放送していいんですか」

「いいです。わたしにも子どもがいますから。流してください」

「わかりました」と答えて、その夜の「ニュースウオッチ9」のトップニュースで流しました。

「消防はカラオケ店の存在を知っていた」というインタビューが流れたら、消防署のなかはもう大騒ぎですよ。関西マスコミのひとたちも、インタビューを見ると一斉に立ち上がって、副署長に「どういうことですか!?」と詰め寄る事態になりました。翌朝、消防が緊急会見を開いて、「じつは知っていました」と認めました。

それから1年ぐらい経って、東京で新聞を開いたら、ちいさい囲み記事を見つけました。

「宝塚市カラオケ店火災の遺族・父兄らが宝塚市を民事訴訟で訴える」

「消防や市が事前の対策を怠っていなかったら、高校生たちが犠牲になることはなかった」

その責任を問う裁判を起こした、と書いてありました。

もし、あそこで誰も気がつかずに、業務上過失致死傷でオーナーだけが罰せられていたら、保護者の方は、なぜ自分たちの子どもは死ななければいけなかったのかという本当の理由、真相を知ることはなく、ただ仏壇の前で手を合わせるしかなかったでしょう。真相が明かされ、想いをぶつける相手がちゃんと見つかったというのはよかったのではないかと思いました。

しかしこれは単なる「いい話」というわけではなくて、**「警察や消防の発表をそのまま流すだけだと、現場の状況や真実が伝わらない」**という例です。メディアの取材というのは結構こんな感じで、「ずっと取材している」「ちゃんと報じている」と言う割には、公式の発表に弱いところがあります。ちょっと頑張って踏み込んで取材をしたりとか、すごく真剣に、何かを隠している当事者と向き合えば、「本当の話」というのは結構出てくるものなのですが……多くのニュースというのは量産体制で、ベルトコンベアーみたいに毎日毎日、右から左へと扱っているわけです。今日こんなに真剣に取材したのに、明日はまったく別の取材をしている、そういう現状があります。
こころある記者は「それではいけない」と思って取材をしているのですが、あまりにも疲弊してくると、目の前のニュースを受け流すので精一杯になってしまいます。「あ、警察発表ね、オーケーオーケー。何人死亡？　けが人なし？　じゃあニュース流さないでいいよ」と、そんなふうになってしまいます。

２０１３年７月のクレヨンハウス講演で語った後、２０１３年９月に出版された『僕がメディアで伝えたいこと』（講談社現代新書）にも、このエピソードは詳しく収録されています。

＊19　兵庫県宝塚市のカラオケボックス火災事件……２００７年１月に発生した火災事件。未成年３名が死亡、ほか当時中高生だった５名が負傷した。

第2章　自発的に「空気を読む」ことの恐ろしさ

●原発事故での一念発起

原発の事故に関しては、**情報発信に非常に奮闘した一方で、やっぱりどこかで報道を「安全運転」するために、伝えられなかったことがたくさんあります。**事故が発生した直後から、メルトダウンに関する情報、避難を拡大させたほうがよいという情報などが次々とニュースセンターに入るんですけれども、ＪＲ東海からＮＨＫにやってきた松本正之会長からは、現場に「ＮＨＫの役割として、新しいレールをつくることはしなくていい。いまあるレールを守るのが公共放送の役割だ。安全運転をこころがけて欲しい」という指示が出ました。現場のＮＨＫの人間は非常に忠実なので、それを守るんですよね。**「安全運転をしなければいけない。パニックを引き起こしてはいけない」と、みんながそう思っているので、誰かが「これは報じるな！」と直接言わなくても、何となくみんなが自制するんです。**「これはニュースにしたら危ないよな」「まだ言えないなあ」「プルトニウム？　たしかに情報入ってきてるけど、専門家の先生たちも『飛ばない』と言ってるし、大々的に言わなくてもいいんじゃないか」というような判断で、非常に丸まった情報しか出て行きませんでした。

ところが、とくに福島で渦中にいたひとたちからは、「どうして堀さん、あのときもっと早く、いろいろおしえてくれなかったんですか。ＳＰＥＥＤＩ（＊20）の話とか、マスコミのみなさんは事前に知っていたんでしょう」と言われます。

ＳＰＥＥＤＩは、放射性物質の拡散予想システムです。文部科学省（以下、文科省）が長い時間をかけて、大量のお金を投じて開発してきた仕組みです。メディアとしては２０１１年３月12日ごろから、文科省に対して「ＳＰＥＥＤＩがあるでしょ。あれのデータを出して下さい」という要請をずーっとしていました。文科省は「出さない」の一点張り。メディアは「出してください」で押し問答です。文科省が「測定があまりうまくいっていないので、出しても使えませんから。そもそも正確な値じゃない。予測値ですし」と答えると、多くのメディアはそれで引き下がるんですね。そうこうしているうちに、3月15日に福島第1原発3号機が水素爆発、4号機が水素爆発と、被害はどんどん拡大していくわけです。

結局、ＳＰＥＥＤＩの情報が出はじめたのは、3月16日。文科省はまず「ＳＰＥＥＤＩのデータが使えない」という話をぽろっと出しました。そののち、3月23日に「文科省などが手計算でやりました」というＳＰＥＥＤＩデータみたいなもの、それも1週間分の放射性物質の値を合算した数字を、マスコミ向けに出しました。「しかし、これは予測値みたいなもので実際の値とは異なります」というような説明をして、「一応出しましたよ」というポーズだけ取って終わります。最終的にＳＰＥＥＤＩの話がまともに出てきたのは、震災からおよそ1ヶ月近く経ってから。２０１１年4月のことでした。原発立地町である楢葉町の町議会議員さんなどに、その後訊いてみました。

「ＳＰＥＥＤＩのデータについて、いつの段階からみなさん知っていたのですか」

「それ以前に、ＳＰＥＥＤＩの存在を知ったのは、事故があってからだよ。事故当時は、そんなものがあるとは知らなかった」

「本当ですか。そんなものですか？」

「全然知らないから、みんな自分たちで風向きを予測したりしていたんだよ」

ぼくは思うんです。たとえば文科省が「計算ができていないからデータを出さない」と言うのであれば、3月11日から、メディアが独自でどんどん情報を出していくべきだったと。「政府に言っても出ないんです」ということだけでも伝えるべきでした。ところがメディアは、そういうことをやらなかった。それは先ほど言ったように、**ニュース原稿を発表ものに頼っているところがあるからで、会見で言っていないような情報をすぐに出すという考えにはいたらない。そういうことが積み重なって、報道が後手後手に回っていったわけです。**

このことからも、メディアの検証というものを、どんどんやっていかなければいけません。ところがみんな、「もうあれは過去のもの」という感じで、**「自分たちの報道がどうだったか」という検証もしないし、逆に「不十分でした。すみません」と率直に自分たちの状況を吐露するようなことも、あまりやっていない。そして、被害に遭ったひとたちだけが置き去りになっ**

ていく。やっぱりこういう状況は改善しないと、メディアに対する疑心暗鬼みたいなものがますます膨らんでしまうのではないかと思っています。

＊20　ＳＰＥＥＤＩ……「緊急時迅速放射能影響予測ネットワークシステム」のこと。気象や地形などのデータを計算に入れて、原子力施設周辺の放射線量などを予測するシステム。

●震災時にインターネットの可能性を実感

それで当時、ぼくが何をやったかというと、ツイッターでの情報発信をやりました。ツイッターは、１４０文字くらいの短いミニブログと当時呼ばれていまして、長い文章ではなく短い文章をインターネットに上げてゆく仕組みです。

ぼくは**ツイッターの、ＮＨＫの公式アカウント（@nhk_HORIJUN）をもっていたので、震災の当日から、テレビやラジオが届かないひと向けに発信をはじめました。**携帯電話の電話回線は、利用が集中したこともあり、繋がりにくい状態でしたが、インターネット回線のほうは生きていて、被災地でも東京都内でもかろうじて繋がっていました。そのインターネットを使って、言わばＮＨＫの情報を横流ししていく感じで情報発信していました。たとえば、避難所まとめとか、東京メトロの運行情報まとめ、開いている病院まとめなどのツイートに、リンクのアドレスを貼ったりしました。リンクを貼ると、１４０文字の制限を飛び越えて、もっと大きな情報源までインターネット内で辿りつくことができます。

▼ツイッターより引用
（すべて原文のまま。アカウント名と投稿日時を併記）

@nhk_HORIJUN　2011.03.11　20:59:33
【帰宅困難者情報】東京都の避難所などに関しては↓http://www.bousai.metro.tokyo.jp/mobile/index.html

@nhk_HORIJUN　2011.03.11　21:00:50
【地下鉄情報】東京は地下鉄一部再開しています。→http://www.tokyometro.jp/unkou/

@nhk_HORIJUN　2011.03.12　12:42:47
【人口透析できる医療機関】被災して人工透析できない医療機関が出ています。人工透析を専門にする医師でつくる「日本透析医会」ではどの医療機関で人工透析を受けれるかをＨＰで公開しています。ＵＲＬは　http://www.saigai-touseki.net　です。

ツイッターを活用していくうちに、だんだんと**「テレビでは伝えられないことがいっぱいある。それならツイッターを使って、独自に情報を出していったほうがいいかもしれない」**と思うようになりました。

なぜなら、インターネット上には、ぼくらメディアが気づくよりももっと早く、いろんな情報が飛び交っています。そしてインターネット空間というのはグローバルですから、アメリカ・ヨーロッパ・アジア各国の情報がダイレクトで入ってきます。震災当時、原発関連の情報について「英語だからわからない？　じゃあ、日本語に訳しましょう」と言って動いてくれるひとたちもたくさんいました。

「アメリカ政府は、もうすでに原発80キロ圏内から、在日アメリカ人たちを逃がすように指示を出したらしい」

「アメリカ人たちへの原発の情報は、アメリカ本国から来たらしい」

「テレビではやってないじゃないか」

「日本は3〜20キロ圏内への避難指示しか設定していないけれども、どういうことなんだろうか」

そういった声を受けて、「じゃあ、それはぼくのほうでも調べましょう」と、インターネット上に出ている情報に追いつくように、ぼくは取材を重ねて、ツイッターで独自の情報を出していくようになりました。ニュースセンターでは合議制でニュースが出ているので、記者が取材して、デスクが見て、さらに上の責任者が決済印を押して、テレビニュースとして流れます。

一方、ぼくのようなやり方は、取材して、インターネットに書いて、そして公に広がっていくという、通常の手順をすっ飛ばしたかたちになっています。ここで、局内の上司たちなどとの衝突が起こるわけです。

●事故原因は津波か、地震か？

ぼくはその後、原子力安全委員会や原子力安全保安院の取材などを独自にしていました。当時は原発の事故原因というのが、ずっと「津波によるメルトダウン」と言われていました。ところがいろいろと取材してみると、「津波じゃなくて、そもそも地震で壊れてたんじゃないの？」という疑問が出てきました。

それを原子力安全保安院に直接訊くと、こういう言い方をするんです。

「わたしたちは地震による可能性も捨てていません」

「ちょっと待ってくださいよ。もう世の中は、海水を被って電源を喪失したから、水が入らなくなって燃料棒が露出してメルトダウンにいたり、海水を注入するなかで水素爆発をした、と認識していますが」

「あれは東京電力さんが発表しているもので、わたしたちはまだ何も発表していません」

「待ってください。じゃ、どう考えたらいいんですか」

「わたしたちで詳しく調査をして、確証を得られれば発表します」

「どうやって調査をするんですか」

「格納容器の調査です」

「いま入れるんですか」

「入れません」

「入れませんよね。いつ入れるんですか」

「わかりません」

「でも、事故原因の話ですから、すみやかに発表を出して下さいよ」

「それは調査が終わらないと出せません」


当時何があったかというと、国や電力会社が原発の再稼働に向けた準備や検討をはじめたころでした。安全検査を急遽、応急処置でやって、対策が取れている原発に関しては再稼動させられないか、と。福島第一原発の事故原因は津波とされていたので、そのとき主軸になっていたのは「津波の対策ができている原発はどれだけあるんだろうか」「各原子炉の津波対策はどうなっているんだろうか」という話でした。もしそこに地震という要因（ファクター）が加わると、再稼動の手続きのハードルがさらに上がっていきます。事故原因が地震だという可能性は、最終的に国会による事故調査委員会が「地震の可能性もきちんと調べるべきだ」と指摘（＊21）していますが。

じつは、事故原因が地震だということについて、確証があります。福島第一原発の1号機の宿直室には当時、原発に起きたことを時系列で、担当者が記録していったホワイトボードがあるんです。

3月11日、夕方5時20分ごろに、こういう記述があります。

『OS　シューシュー音がする』

OSとは何かというとオーバースケール（over scale）のこと。つまり「放射線測定器の値が振り切れている」ということです。放射線測定器というのはどこに設置してあるかというと、格納容器から建物に繋がる、二重扉のところにあります。二重扉のところでオーバースケールするということは、原子炉内部では、相当放射線が出ていたのではないかという推測ができます。さらに、作業員たちが「シューシュー音がする」のを聞いているということは「どこかから、何かが漏れている音だったのではないか」と推察することができます。

海水を被ってからメルトダウンまで、2時間くらいでそこにいたるのかどうかは計算してみないとわからない。したがって、かならずしも海水が事故原因とは限らず、老朽化していた原子炉で配管などがずれて、放射性物質が出ていった可能性も捨てきれないわけです。ところが、そこを調査するには格納容器の中に入って、細かく調査をしてみないとわからないという状況でした。こういう話は、やはりニュースには出てこないんですよね。**「原子力安全保安院は今日、会見のなかで、『事故原因は地震による可能性も捨て切れない』と発表しました」という明確**

な原稿が書けないと、なかなかニュースに出てこない。

だから「今日、原子力安全保安院の会見のなかで質問が出なかったので、のちのちになってよく訊いてみたらこういう発言が出た、『地震による可能性も捨て切れない』と言っている」と、ツイッターで書くわけです。

▼ツイッターより引用

（脱字を除き、基本的に原文のまま。カッコの中は編集部による補足。アカウント名と投稿日時を併記）

@nhk_HORIJUN　2011.10.07　14:10:52

今永田町にある参議院議員会館地下の会議室にいる。これから、ここで原発の運転再開の取りやめを求める市民と政府との交渉が始まる。市民側は福島県内の住民をはじめNGOグリーンピース・ジャパンや女川や浜岡、美浜、玄海など各地で運転停止などを求める市民団体。政府側は原子力安全・保安院等。

@nhk_HORIJUN　2011.10.07　14:49:01

交渉が始まって45分が経過した。市民側は、東電福島第一原発の事故の実態が明

らかになる前の運転再開はあり得ないとして、原子力安全保安院や事故調査委員会担当者に、事故調査の詳細を公開し責任を明らかにするべきだと訴えている。現在、津波の前に原発の配管などに破損がなかったのか質している。

@nhk_HORIJUN　2011.10.07　16:48:02

交渉は予定時間を越えて今も続いている。市民側から「東京電力は事故を起こした原発の配管などに地震による破損はなかったとしているが、津波がくる前に破損は本当になかったか」質問。原子力安全保安院担当者は「現状全ての配管などを確認できた訳ではない。今後調査を続ける必要がある」と回答。

@nhk_HORIJUN　2011.10.07　16:59:07

原子力安全保安院の回答を受け、市民側「放射能が漏れだしたのが津波によるものなのか、地震によるものなのか事故の原因と実態が明らかにならない状況でストレステストを行うことに意味があるのか」保安院担当者「福島のような事故を再び起こさないためのシミュレーションを実施し安全性を検証する」

@nhk_HORIJUN　2011.10.07　17:16:08

保安院の「事故を再び起こさないためのシミュレーションを行う」という回答に対し、市民側「福島での事故原因が究明されない中で、どのように安全性を検証するシミュレーションを行うのか?」保安院担当者「再稼働の問題とストレステストは切り離して考えてもらいたい。テストはできる」と回答。

@nhk_HORIJUN　2011.10.07　17:22:50
一方で市民側からは、原子力安全委員会担当者に「ストレステストの結果を確認する立場にあるが、検証基準を持っているのか?」と質問。原子力安全委員会担当者「判断基準はまだ決まっていない。保安院の報告内容を見てから検討していきたい」市民側からは答案を見て答案を考えるようなものだ（と）批判の声。

@nhk_HORIJUN　2011.10.07　18:00:54
開始から2時間半。当初は90分の予定だった、市民と政府側の交渉が先ほど終わった。「原発事故の原因は津波ではなくそもそも地震の揺れによる配管の破損ではないか?そうであれば地震国での再稼働は有り得ない」市民側は事故調査の公開を求めている。

@nhk_HORIJUN　2011.10.07　18:22:20

【交渉の焦点①】市民団体と政府の今回の交渉で焦点になったのは東電福島第一原発1号機で事故当時当直担当者が「3月11日17時50分事象」として記したホワイトボードの記述「17：50　IC組撤収　放射線モニタ指示上昇のため.300CPM.外側のエアロック入ったところでOS」について。

@nhk_HORIJUN　2011.10.07　18:27:31

【交渉の焦点②】ICとは原子炉圧力容器から出ている配管で、例えば非常用復水器系配管を指すと見られ、OSとはオーバースケールの略で、高い放射線量の測定があったのではないかと市民団体は見ている。今回の交渉内で、事故調査委員会側もOSについてはその可能性も選択肢の一つだと話した。

@nhk_HORIJUN　2011.10.07　18:44:04

【交渉の焦点③】地震の発生は14：46。原発の全電源喪失が15：37とされており、仮に地震発生から約3時間後の17：50に、早くも原子炉建屋内に入ったあたりで計器が振り切れる程の高い放射線が測定されていたとするのであれば、（市民団体は）原因が何なのか徹底的に明らかにするべきだとしている。

@nhk_HORIJUN　2011.10.07　18:52:13
【交渉の焦点④】今回市民団体側は「もし地震による配管の破損があった場合は、津波被害を前提にした安全対策を実施しても地震が多発する国内で原発の安全を担保することにはならない」として、真相の究明と公開を政府に求めた。

@nhk_HORIJUN　2011.10.07　18:52:37
【交渉の焦点⑤】これに対し交渉に参加した原子力安全・保安院の担当者は「東京電力からの報告を現在検証している。現段階では地震による破損はなかったという認識だが、放射線の漏れがどのようなルートで起きたのか明らかになっておらず今後も調査、原因究明を行い報告する」と説明した。

（ここまで２０１１年10月、これより２０１１年12月）

@nhk_HORIJUN　2011.12.19　14:14:56
今、衆議院第一議員会館の多目的ホール。これから東電福島第一原発の事故原因などについて原子力安全・保安院などと市民団体の交渉。今年10月に行われた交渉の続き。→ http://t.co/QbftoV2jt

@nhk_HORIJUN　2011.12.19　14:21:18
前回の交渉では、原発の事故原因について、一号機では津波ではなく地震の揺れそのものによって放射性物質が大量に漏れ始めたのではないか？という市民団体側の指摘に対し、政府側はその可能性も含め今後検証するとしていたが、現状を質す。

@nhk_HORIJUN　2011.12.19　16:00:29
原子力安全・保安院担当者「東京電力の中間報告は東電が独自に公表したものであって、政府に提出されたものではなく受け取っていない」「提出されれば保安院として今後内容を検証する」と説明。もう9ヶ月が過ぎたのに。

@nhk_HORIJUN　2011.12.19　16:12:22
原子力・安全保安院「地震による配管破断は否定できない」と説明。全国にある原発再稼働の根拠になるストレステストの信頼性が問われる。福島での事故原因が特定できない中、認められるものではない。

＊21　国会による事故調査委員会の指摘……正式名称は「東京電力福島原発事故調査委員会」。検証後、事故原因について更なる調査を重ねるよう、提言にまとめている。

●ツイッターでの情報発信に、ＮＨＫ上層部からストップが

ツイッターで情報発信するうちに、いろんなところから圧力がかけられました。最終的には２０１１年の秋口に上司に呼び出されて「国会議員からクレームが入っているので、君のツイッター・アカウントを閉じてくれないか」と言われました。

「これはチャンスじゃないですか。『国会議員からクレームが入った』って、これは大騒ぎになりますよ」

「堀ちゃんさあ、気持ちはわかるんだけど、やめてくれないかなあ。問題になると困るんだよ」

「ええっ、それじゃあ、どうするんですか。クローズするんですか」

「まあ、そういう方向で頼むよ」

「いやいや、ちょっと待ってくださいよ。そんなことじゃジャーナリズム機関としての信頼が失墜しますよ」

「わかるけどさ。俺も家のローンがあるし、高校に入ったばっかりの子どももいてさ。いまは言いたいこともあるかもしれないけど、まあそこは我慢しながらうまくやっていこう。そういうのがやっぱり大人の対応だと思うよ」

「そんな大人には絶対なりたくありません！」

それでいろいろ、上層部とけんかしていくわけですよ。報道局長に呼び出されたり、何とか部長に呼び出されたり、呼び出される度に「チャンスだ！」と思って、主張するわけです。

「報道局長、なんでぼくがツイッターをやっているか知っていますか。別にツイッターが好きだからやっているんじゃありません。いまインターネットで流れている情報と、テレビが流している情報の間には乖離があります。そこに悪意がないのはよく知っています。しかしながら、いまのインターネットの参加者は範囲が広がっていて、いわゆる『みなさまのＮＨＫ』の『みなさま』が、どんどん参画しています。しかも、そこには一次情報を持った専門家や、海外の科学者なども入っていて、かならずしもかつて言われていたようなデマや、不確かな情報だけがある場ではなくなっています。そういう意味でいうと、ぼくらニュースをつくる側も、インターネットのなかの情報にもちゃんと触れておいて、それを元にニュースを調べなおしたりすることが必要なんじゃないでしょうか」

そうしたら報道局長が「君の話を聞いていると不愉快だ」と言うわけです。

「まるでインターネットのほうが偉いみたいな言い方をするじゃないか」

「偉いとか、偉くないとか、そういう話をしているんじゃありません。みんな疑心暗鬼になって、何が本当なのか、不安の渦中にいるんですよ。それに答えるのがＮＨＫじゃないですか。だから『マスコミ不信』とか、『ＮＨＫはマスゴミ』とか言われるんですよ」

「何だ、マスコミ不信なんかいったいどこにあるんだ！」

「ありますよ！　そんなふうな感覚でトップがいるから、ＮＨＫは大企業寄りだって言われるんですよ！」

「じゃあ中小企業の話ばっかりやってればいいのか！」

……全然、話がかみ合わないんですね。それで、大げんかです。

総合テレビの職員というのは、やれ「いやあ、家のローンもあるしさ」とか、やれ「同期の何とかが経産省の審議官になってるから、ぼくも報道局長にならなきゃ」とか、横並びで出世したいひとたちの集まりだったりするんです。ところが教育テレビ（Ｅテレ）には、出世とかにまったく興味のない、こころあるディレクターたちがたくさんいました。「ぼくらはもう、出世とかは別にいいし」と言っていて、「ああ、『出世とかいいし』ってよい響きだな」って思っていました。とくに印象的なのは、ぼくが岡山放送局で新人だった頃、教育テレビで子どもの教育番組を専門につくっているディレクターのことばです。その先輩が、「この組織はさあ、出世とか諦めると本当によい会社だよ」と。「何を言っているんだろう、この先輩は」と当時は思ってたんですけど、報道局長から「お前は！」と言われてるときに、「ああ、先輩のことばはやっぱり本当だったんだな」と実感しました。

ぼくはそのとき、総合テレビで経済ニュース番組「Ｂｉｚスポ」（＊22）のキャスターを、教育テレビで「ニッポンのジレンマ」（＊23）という討論番組の司会をやっていました。総合テレビの討論番組は、わりと大人で、公の討論番組です。教育テレビのほうは、バブル崩壊後の１９７０年生まれ以降の論者だけで集めた討論番組だったんです。結構すごい本音が、どんどん飛び交うような討論番組になっています。ここで知り合った、批評家の宇野常寛（＊24）

さんや、ベンチャー企業への投資や育成などを手がける斎藤ウィリアム（＊25）さんといった方とは、いまも仲良くさせてもらっています。

教育テレビというのは、わりと「解放区」なところがあります。有名なものだと、「放射能汚染マップ」（＊26）という、ホットスポットに何も知らされずに避難している飯館村のひとたちの取材などをしたドキュメンタリーがあります。報道局では「警戒区域内には入ってはいけない」というような規制がかかってたんですが、この番組をつくったチームは科学者と一緒にどんどん現場に入っていって、独自の放射線測定をやってホットスポットを明らかにしました。こういうひとたちの番組は外部の賞を取ったりするんですけれども、それでさえもＮＨＫは、内規違反だということで注意処分にしたりするわけです。

ぼくの当時の状況は、２０１２年にはニューヨーク支局の特派員になるはずで、準備も進めていたのですが、大げんかをしたもので特派員の話もなくなり、２０１１年12月の段階で行き場を失うんですね。「じゃあぼくはもう辞めます、辞めて自由な報道をやりますから」という話をすると、「ちょっと待ってくれ」とアナウンス室から言われました。

「ニューヨーク行きはなくなったけども、じゃあ人事の制度を利用して、海外に留学っていうのはどうだ」

「わかりました、じゃあそれで」

先の「ニッポンのジレンマ」で知り合ったひとたちとの繋がりで「カリフォルニア大学

(University of California, Los Angels／以下ＵＣＬＡ）の研究員の席ならすぐ紹介できる」と言ってもらい、ロサンゼルス（以下ＬＡ）に行くことになりました。

＊22 「Ｂｉｚスポ」……ＮＨＫ総合テレビで２０１２年3月まで、毎週月～金、夜11時25分から放送されていたニュース番組。
＊23 「ニッポンのジレンマ」……ＮＨＫ教育テレビで、毎月最終土曜、夜12時から放送されている討論番組。
＊24 宇野常寛さん……批評家。「第二次惑星開発委員会」主宰。批評誌『PLANETS』編集長。8bitNews（＊35）の発起人でもある。
＊25 斉藤ウィリアムさん……起業家、ベンチャー投資家。アメリカで生まれ育ち、２００５年より日本で活動。
＊26 「放射能汚染マップ」……ＮＨＫ教育テレビ「ネットワークでつくる放射能汚染地図～福島原発事故から2か月～」のこと。「石橋湛山記念　早稲田ジャーナリズム大賞」「日本ジャーナリスト会議大賞（ＪＣＪ大賞）」「ギャラクシー賞　5月度 月間賞（上期入賞）」「文化庁芸術祭賞　大賞」などを受賞。

●「@nhk_HORIJUN」から「@8bit_HORIJUN」へ

ちなみに、「消しなさい」と言われたツイッターアカウント（@nhk_HORIJUN）は、結局消したんです。

どういう経緯だったかと言うと、２０１２年3月、ぼくは、「Ｂｉｚスポ」の番組終了に伴い、ツイッターアカウントも閉鎖するということを書かされようとしていました。「堀くん、君は自分でこの文面を書いてくれ」と言われて、渡された紙には、こう書いてありました。

「みんな心配しないでください。春からは海外に行きます。今回は番組が終了するので、ぼくのツイッターアカウントはクローズになります。みなさん、これまでありがとうございます」

……書けるか、こんなの！

「こんなの書いたら終わりですよ。いかにメディアの内側から正直にしていかなきゃいけないか、という話をしているのに、なんでそんなことしなくちゃいけないんですか」と、反発しては、番組の放送前にアナウンス室にカンヅメにされて、

「早く書くんだ！」

「いや、絶対書きません！」

「書くんだ！」

「書きません！」

そんなやり取りをずーっと、連日のようにしていました。

ある日「もう放送があるから行きます！」と言って部屋を出たのですが、「放送が終わったら、この話、続けるからな！」と言われて。いやだから、放送が終わったあと、別の会議室に同期のディレクターと一緒に隠れました（笑）。すると、遠くのほうから「堀ーっ、どこにいるんだーっ、出てこーいっ」と聞こえてきました。「もう異常だよねぇ」と。

２０１２年3月31日、番組の最終回なのに、相変わらずアナウンス室でカンヅメにされて「消せ！」「嫌です！」というやり取りをしていました。もう本当に、こんなふうにアカウントを消すのなら、いっそ番組のなかでこの顛末を言ってやろうかと思うくらいで（笑）。アカウントを「消せ」と言っていたのは、会長関係筋、つまり産業界をバックにしたひとたちで「あいつを暴走させるな」と指示していました。それを、出世欲にがんじがらめになったひとたちが、

忠実に実行しようとするから、衝突が起きている。

しかし、一方でＮＨＫには、こころあるディレクターや記者たち、そして上層部にさえ、ぼくを応援してくれるひとたちがいました。先ほどの**教育テレビの現場のひとたちや、ニュースセンターのなかでも気概のある、社会部出身の記者の先輩たちが中心になって、「堀のツイッターアカウントをなんとか残せないのか」ということを、陰で交渉してくれていました。**そして、電話がかかってきたんです。「消せ！」「嫌です！」とやっているその最中に。

「あ、もしもし？　まさにいま詰め寄られている最中なんですけど。何かありましたか」

「堀、いまＮＨＫの企業弁護士に直接問い合わせをした。堀がもしいまのツイッターアカウントを閉じて、個人でツイッターアカウントを立ち上げた場合、また同じように罰せられるのかどうかを確認した」

「どうでしたか？」

「弁護士はこういうふうに言った。『表現の自由は憲法で保障されていて、内規に勝ります』と。ただちに新しいアカウントを立ち上げるんだ、堀！」

「わかりました！」

そして電話を切って、

「消せ！」

「はーい、消しまーす」

その日のうちに@nhk_HORIJUNというアカウントから、いまの@8bit_HORIJUNというアカウントに切り替えました。まったく何も言わずに立ち上げてはじめたのに、インターネットのすごさというのはこういうところにあって、みんなどこからかこういう話を聞いていて、新しいアカウントにひとびとが集まってきました。

ＮＨＫのアカウントには、クローズするのは「番組終了に伴うものです」と結局書かされました。

「この組織は、本当に終わってるなあ」と思いました。

そして、新しい自分のアカウントに「発信は誰にも止められない」とプロフィール欄にひとことだけ書いて、立ち上げなおしました。

▼ツイッターより引用

（すべて原文のまま。アカウント名と投稿日時を併記）

@nhk_HORIJUN　2012.03.31　00:45:31

今日でキャスターとしてのこの業務用アカウントでのツイートは終わりになります。報告が遅くなりましたが、実は、この春からしばらく海外留学することが決

まりました。皆さんからSNSを通じて教わったことを次世代の放送に活かすためデジタル分野の研究をして参ります。もう1つ報告です。（続）

@nhk_HORIJUN　2012.03.31　00:50:15
今回このアカウントを終えることについて沢山の皆さんからご意見を頂きました。そこで！皆さんの声を受けNHKでは新たな試みを始める事が今日決まりました。全国のNHKアナウンサーがつぶやくアカウント @nhk_announcer を間もなく開設します！その中で私もつぶやきます。（続）

@nhk_HORIJUN　2012.03.31　01:08:51
この @nhk_announcer の取り組みは、全国のアナウンサー達が名前を出してつぶやきます。これまでは僕1人で地震や災害等の情報を発信していましたが、これからは、皆さんの地域のアナウンサーがより現場に近い情報を発信できます。新たな試みですのでこれから訓練が必要ですが。（続）

@nhk_HORIJUN　2012.03.31　01:22:50
私はこの2年間、皆さんと繋がることで本当に貴重な経験をさせて頂きました。

今後のＮＨＫの放送に活かしていきます。海外に留学しますが、東日本大震災や原発事故からの復興など様々な課題に向き合う皆さんのためにできることを考え取り組んでいきます。どうか宜しくお願いします。(続)

@nhk_HORIJUN　2012.03.31　01:28:57

それでは、この後、午前1時45分から、ＮＨＫ・Ｅテレでは「新世代が解く！ニッポンのジレンマ第2段~決められないニッポン　民主主義は限界？」の放送です！皆さん、どうぞ、宜しくお願いいたします。最後にあらためてＢｉｚスポでの2年間、有難うございました。#nhk #etv

←(アカウント切り替え)

@8bit_HORIJUN　2012.03.31　10:39:20

さぁ。もう一度。皆さん、宜しくです。

@8bit_HORIJUN　2012.03.31　15:30:43

二年前を思い出します。やっぱりTwitterの特性を考えると、個人と個人の関係

を切り結び情報を共有できるところに素晴らしさがありますからね！
またこうして再出発して、10万人を目指しますか！二年前も今のメンバーで始まりましたしね。笑。早速見つけてくれてありがとうです。

２０１３年７月のクレヨンハウス講演で語った後、『僕らのニュースルーム革命』（幻冬舎／刊）および２０１３年９月に出版された『僕がメディアで伝えたいこと』（講談社現代新書）にも、このエピソードは詳しく収録されています。

第３章 廃炉を決めた サンオノフレ原発から

●情報公開制度の遅れを実感

ＬＡに行くと、やはり日本の状況というのがよくわかるんです。いかにメディアが閉鎖的で、日本は情報公開が遅れているのかが。「アメリカ合衆国万歳」ではないけれども、アメリカ合衆国という国のなかで、民主主義のシステムとして、やはり基幹インフラ（＊27）が日本より整っていると実感しました。

たとえば本当に感心したのは、サンオノフレ原発（San Onofre nuclear plant）をめぐる取材でのできごとです。

ロサンゼルスから南におよそ１００キロくらい行ったところに、砂浜のうえに建てられたサンオノフレ原発があります。カリフォルニアには２ヶ所しか原発がないんですけれども、そのうちのひとつです。これが２０１２年１月に、２基あるうちのリアクター（原子炉）のひとつが、放射性物質を含む水が漏れ出す事故を起こしてるんですね。ただちにもう１基も止めて、アメリカ合衆国の原子力規制委員会（＊28／以下ＮＲＣ）が調査に入りました。そうしたら、原子炉を冷やすための水蒸気発生装置という重要な装置の配管部分、細かい管がたくさん張り巡らされているんですけど、そこの1万数千ヶ所以上に、異常な磨耗があることが見つかったわけです。それを調べてみると、老朽化したことによる磨耗ではない、なぜならその前の年にその装置の入れ替えを行っているからということが判明します。つまり、メーカー側の設計ミスによる欠陥だと、ＮＲＣが指摘しました。

その装置を作った会社がどこかと言うと、日本の三菱重工なんですね。三菱重工がつくった装置に、欠陥が見つかったと。当時、電力会社の南カリフォルニア・エジソンと三菱重工は「ただちに設計変更を行って、安全な装置に入れ替えて、検査をパスすれば、再稼動させたい。夏までにそれを行いたい」と、２０１２年１月の段階で発表しました。

そして、ぼくが２０１２年６月にアメリカに行くんです。

行くと、日本と同じように再稼動問題でカリフォルニアが揺れているんです。電力会社の方は、「夏場の電力需要をまかなうためには、サンオノフレ原発を早く再稼動させないと、これは大変なことになります」と、連日アナウンスしている。「一緒だな、日本と」と思いました。でも全然違っていたのは、**ＮＲＣは非常に細かく地域を区割りして、パブリックミーティング（公聴会）を開くんです。**会場をいつもＮＲＣが借りて、そこに電力会社・メーカー・地元住民・原発で働いているワーカー、そして原発などに対して批判的な環境問題の市民団体などをすべて招き、さらにインターネット中継をして、その場に参加できないひとたちにはインターネットを使って参加できるようにしたミーティングを、**月に1～2回くらいの割合で、サンオノフ**

レに関係する自治体で開いていくのです。情報はフルオープンです。ぼくなんかは「ＵＣＬＡの研究員」という肩書きで、カメラを持って、アポイントもなしに、「今日開かれてるのを急遽聞いたんですけれども、取材できますか？」と言うと、「もちろん！　どうぞ」と入れてくれるんですね。そのうえ、カメラを回したりもできます。

日本だと、お役所が、たとえば経産省がミーティングを開いて、そこを取材しようと思ったら、どれだけ大変か。

「すみません、取材したいんですけど」

「どちらの社の方ですか？」

「ＮＨＫです」

「ＮＨＫさんですか。どちらの（記者）クラブ（＊29）ですか？」

「クラブは入ってないんですよね」

「入ってないんですか……。ほかのクラブの方にお話は通されてますか？」

「一応うちのデスクのほうから話が行ってると思いますけれども」

「じゃあ一応、紙を頂けますかね、ＦＡＸで」

「いつまでですか？」

「じゃあ、今日の夕方までに」

「わかりました」

こういった段取りが必要なんです。もしそこでNHKではなくて、「フリーランスです」とか言うと、「ちょっと今回は、フリーランスの方は受け付けていないんですよねえ」と言われて入れない場合もある。

もし入れたとしても、カメラを回すことを拒まれます。

「カメラ回していいですか？」

「今回は代表取材になっているのでカメラは1台でお願いしています」

「えっ、カメラ回せないんですか？」

「回せないですね」

「わかりました。代表取材はどこまで取材できるんですか？」

「一応、頭撮《あたまど》りだけ可能になっています」

「頭撮り」とは何かと言うと、議論の中身が映っているのではなくて、なんだか知らないけれども、ずらっとひとが並んで座っているという、あの映像のことを言います。委員たちが会場に入ってきて、立って礼をして「これから●●委員会をはじめます」とアナウンスがあって、委員たちが座って……そのようすをカメラがパシパシパシパシ、パシパシパシパシ、パシパシパシパシと撮影すると、「はい、頭撮り終わりでーす。みなさん、それでは退出してくださーい」(笑)。よく、そういうニュース映像を見たことありませんか？ 議論の中身は撮影させずに、頭撮りだけさせるというのが、日本の官公庁でよくある現場です。アメリカ合衆国の場合はそういうことはなくて、夜6時にスタートしたら10時くらいまでずっと、現場をフルオープンで撮れます。

とくに感心したのは、**パブリックミーティングでは、市民のみなさんから非常にクリティカルな質問が、行政側・電力会社側に投げかけられることです。すると電力会社側は必死になって答えるわけです。数時間にわたって、喧々諤々とやりあうんです。**ＮＲＣが立派なのは、そこで出た課題を持ち帰って精査すること。サンオノフレ原発の場合で言えば、「次のパブリックミーティングまでに、メーカーさんはこれをちゃんと調べておいてくださいね」「再稼動決定は明日までと言っていましたが、この調子だとスケジュール的にも無理でしょうねえ。秋ぐらいじゃないですか？」とまず指摘する。そして秋になって、またパブリックミーティングが開かれ、また課題を持ち帰って精査します。「秋になりましたけれども、まだ再稼動は認められませんね。電力会社さん、更に調査を進めてください」と電力会社には伝えられ、どんどん再稼動が伸びていきました。

満を持して、２０１２年11月くらいに、電力会社側が「もう安全検査も済んだし、これで再稼動させてください！」と、申請書をＮＲＣに出しました。するとＮＲＣが今度は何をやるかと言うと、抜き打ちで神戸にある三菱重工の作業所へ、立ち入り調査に入るんです。**調査員を派遣して、抜き打ち調査をやると、いわゆる安全検査の手順というものを守っていないということがわかりました。ＮＲＣがただちにそれを公表して、「三菱重工に安全検査をさせていて**

も仕方がないので、第三者機関に検査させます」と発表します。ぼくは「スリーマイルアイランド事故（＊30）後に権限を強化して、独立した組織になったＮＲＣはさすがだ」と思いました。

　もっと驚いたことは、ＮＲＣはさらに、ホームページにこれまで三菱重工とやり取りした書簡・Ｅメールを全部公開した（＊31）のです。担当者の名前、Ｅメールアドレス、住所、電話番号、あいさつからはじまる本文など、そういうものをすべて公開しました。これは三菱重工だからというわけではなくて、そのほかの企業とのいろんなやり取りも、全部インターネットで公開しています。だからこそ、市民は誰でもアクセスできるのです。家から「このサンオノフレ原発の情報について、書簡が見たい」と思ったら、ホームページをクリックすれば出てきます。担当者が誰か、どんなやり取りをして、どこに不十分な点があって、どんな言い訳をしているのか。市民はその情報をもって、またパブリックミーティングに行き、「この間の往復書簡でこういうやり取りをしていたのは一体どういうことなのでしょうか」という声を上げる。いわゆる熟議というやつです。**熟議を重ねて、原発の問題を捉えていくわけです。**

　このサンオノフレ原発の再稼働が、最終的にどうなったかと言うと、あまりにも再稼動の時期が遅れたので、電力会社側が**「もう我慢できません。こんなにコストがかかるのであれば廃炉にします」**と宣言しました。「その代わり、事故原因は三菱重工にあるので、三菱重工に賠償請求をします。額は５００億円から６００億円です」と発表しました。いま（２０１３年７

月14日現在）三菱重工と電力会社の間で賠償請求を巡ってやり取りが続いています。
ぼくはアメリカにいる間、こういうことを取材して、ツイッター上に情報をがんがん出しました。

▼ツイッターより引用

（すべて原文のまま。アカウント名と投稿日時を併記）

@8bit_HORIJUN　2012.11.06　12:26:01
サーフィンの名所として知られるハンティントンビーチの市議会を取材中。ここから車で南に30分程のところにあるサンオノフレ原発の再稼動問題について公聴会が開かれている。　@ Huntington Civic Center http://t.co/ya5meOZj

@8bit_HORIJUN　2012.11.06　12:46:56
今年一月に水漏れ事故を起こし現在稼働を停止しているサンオノフレ原発。欠陥の見つかった水蒸気発生装置は三菱重工が製造を手がけた。電力会社は停止している2基のうち1基は部品の交換が済み安全が確認されたとして、先月再稼働に向けた手続きに入った。　@ Huntington Civic Center http://t.co/T2Z485j9

@8bit_HORIJUN　2012.11.06　12:54:02
サンオノフレ原発の再稼働を巡っては先日Tweetした通り地元、近隣住民から「配管のトラブルの頻度が米国内で最悪の水準だ」「津波や災害への安全対策が十分に講じられていない」などと反対の声も広がっている。@Huntington Civic Center http://t.co/PkO20moa

@8bit_HORIJUN　2012.11.06　13:12:35
また再稼働に反対する市民からは「チェルノブイリやスリーマイルは人的ミス、福島は災害、サンオノフレは明らかに設計ミスだ」と証言し、配管の問題の他にも防潮堤が3mあまりしかなく低すぎることを指摘した。@ The St. Regis Monarch Beach http://t.co/JkIRF9Ad

@8bit_HORIJUN　2012.11.06 13:52:22
サンオノフレ原発を運営するエジソン社の親会社は、事故を起こした蒸気発生装置を製造した三菱重工に対して検査や修理費用など凡そ36億円を請求したことを今月はじめ明らかにした。今、市議会ではそのエジソン社の担当者が証言にたっている。http://t.co/Hdp9v1kU

@8bit_HORIJUN　2012.11.06 15:53:56

市長などからサンオノフレ原発の安全性について質されたエジソン社の担当者は福島の事故を例に出し「日本は総理大臣が非常時の指揮を執るが、我々は訓練を受け科学的知識を持つ専門集団が異常時の陣頭指揮をとるので問題ない」と説明。http://t.co/Z4ryXirs

@8bit_HORIJUN　2012.11.06　16:01:00

さらにエジソン社担当者は「米国のＮＲＣ・原子力規制委員会は事故当時の日本の原子力安全・保安院とは違い、原子力産業とは切り離されているので、彼らの指示・判断に従う我々の姿勢は信頼に足りる」と続けた。http://t.co/wdCTI32j

@8bit_HORIJUN　2012.11.06　16:12:17

３時間に渡る市議会による公聴会は終了。再稼働に反対する市民の他、観光や雇用への影響を懸念し早く安全だというお墨付きのもと稼働して欲しいと訴える住民などあわせて20人以上がそれぞれの意見を訴えた。http://t.co/86uxtxZm

@8bit_HORIJUN　2012.11.06　16:20:15

終了後一部の市民からは「市長を始め議員達に専門知識がない上、不勉強で、電力会社の説明を受け止めるしかない様子に失望した」という批判の声もあがった。ハンティントンビーチ市は原発から50キロ圏内に入るため緊急時の対応が万全なのかという不安は拭えないという声も聞かれた。 http://t.co/qb7FhPXr

@8bit_HORIJUN 2012.11.06 16:33:34

サンオノフレ原発の再稼働についてＮＲＣ・米国原子力規制委員会は「安全が確認できるまで再稼働はない」と説明しているがエジソン社は夏場の電力不足やコスト高を理由に掲げ再稼働を急いでいる。ＡＰ通信によると今年1月からの運転停止による損失は２００億円を超えたという。 http://t.co/l0dlfC9Y

＊27 基幹インフラ……インフラ（インフラストラクチャー）とは、構造の基盤という意味。生活分野では下水道など、ＩＴ分野ではシステムの基盤などを指す。メディアにおいては、情報を届けるための設備や下地のことを指す。

＊28 原子力規制委員会（ＮＲＣ）……正式名称は「アメリカ合衆国原子力規制委員会（United States Nuclear Regulatory Commission）」。１９７５年創設。アメリカの政府独立機関のひとつ。原子炉、放射性物質など、原子力に関わるものについて調査・監督する。

＊29 記者クラブ……取材のために、ジャーナリスト（記者）たちが自主的に運営する組織および詰め所。記者の身分を明らかにする役割をもつが、排他的でもあり、とくに政府主導の会議や発表などでは、加入していないと取材ができないという状況も多々ある。

＊30 スリーマイルアイランド事故……１９７９年3月28日に、アメリカ・ペンシルバニア州のスリーマイルアイランド原発で発生した事故。機械的なトラブルにより冷却水の供給が止まり、炉心が露出、融解した。冷却水の供給ストップに対し、当日の対応が適切でなかった結果、原子炉外部に放射性物質が大量に放出されることとなった。

＊31 ＮＲＣによるやり取りの全公開……公式ホームページ（http://www.nrc.gov/）より検索が可能。

●ねじれ構造が、報道をストップさせる

このサンオノフレ原発について、日本のメディアで当時、度々経緯を報じていたのはぼくと朝日新聞ぐらいです。共同通信や日経新聞が時おり取り上げていましたが、**こういったニュースは、なかなか日本に伝わってきません。サンオノフレ原発の場合、三菱重工が関係しているのに、ですよ。**しかも、ＮＲＣが神戸の事業所の立ち入り調査に入った話というのは、日本では報じられていません。

当時、知り合いの日本のメディアの記者に「これは報道したほうがいいのでは」と伝え、東京に打診するように促した事があります。

「経済部から反応が返って来ました」

「どうだった？」

「うーん、ちょっとデリケートな問題だから今回は見送るというようすでした」

「デリケートな問題」？　たしかにそうで、いわゆる重工業系企業の取材というのは、とくに経済部にとってデリケートなんです。担当記者からすれば、そこでちょっとでも角が立つようなことをやって「もう君のところにはネタを出さないから」と広報から言われてしまうと、担当記者は取材ができなくなってしまいます。だから、なるべく角の立たない情報を経済部では取材し、その**企業の利益になることは率先して掲載するけれども、不祥事など問題が発生したときには、経済部の記者ではなくて社会部の記者が取材に行って報道をします。**「いやあ、

あれは社会部が書いたことなんですよ」と言って、経済部の記者が逃げるために。なぜか**経済部の管轄の問題なのに、社会部が取材をして記事にするというねじれが起きています。ねじれた構造のなかにあると、経済が絡む話は報じられなくなります。**でも、ぼくはそういう話を、ツイッターでがんがん書いているわけです。

▼堀さんのツイッターより引用
（改行を含め、すべて原文のまま。注の挿入は編集部による。
アカウント名と投稿日時を併記）

@8bit_HORIJUN　2013.01.02　19:40:02
【三菱重工問題①】去年1月三菱重工製の蒸気発生装置の配管が破損し水漏れ事故を起こしたサンオノフレ原発について。ＮＲＣ・米国原子力規制委員会が欠陥部分の再設計を行い再稼働に向けて部品の再検査を行った三菱重工に対して「検査が一定の基準を満たしていなかった」と明らかにした問題について。

@8bit_HORIJUN　2013.01.02　20:01:52
【三菱重工問題②】ＮＲＣ・米国原子力規制委員会が２０１２年11月30日付で三

菱重工側に送った書簡をホームページで公開した。http://t.co/6mVFFTe2
ＮＲＣの書簡によると、去年10月9日〜17日にかけＮＲＣが神戸市にある三菱重工の施設に立ち入り調査に入ったとある。

@8bit_HORIJUN　2013.01.02　20:24:18
【三菱重工問題③】ＮＲＣ・米国原子力規制委員会による書簡の宛先は三菱重工の品質保証部門のマネージャーMr. Ikuo Otakeとある。去年10月のＮＲＣによる三菱重工への立ち入り検査の理由は主に米連邦法における品質保証や欠陥の報告に違反がなかったかどうかについてと書かれている。

@8bit_HORIJUN　2013.01.02　20:33:02
【三菱重工問題④】ＮＲＣ・米国原子力規制委員会が三菱重工に送った書簡についてはＮＲＣのＨＰ、http://t.co/6mVFFTe2　で公開されている。内容は、欠陥が見つかり三菱重工が再設計した原子炉の蒸気発生装置のモックアップ試験（＊32）について、方法や精度が正確なものかを質すもの。

@8bit_HORIJUN　2013.01.02　20:54:55

【三菱重工問題⑤】ＮＲＣの書簡によると、原子炉の蒸気発生装置の部品検査に関して、三菱重工の品質保証プログラムはＮＲＣや顧客（南カリフォルニアエジソン）が求める品質保証の基準を満たしていなかったことが立ち入り調査でわかったとしている。 http://t.co/6mVFFTe2

@8bit_HORIJUN 2013.01.02 22:03:08

【三菱重工問題⑥】ＮＲＣが立ち入り調査で明らかにしたと主張する問題点とは三菱重工が▼住友金属から購入したモックアップ用配管が検査要求を満たす仕様になっていたかどうか確認しなかった▼東京測器研究所による市販の測定サービスの精度が基準を満たすか確認せず必要手順を怠った、としている。

@8bit_HORIJUN 2013.01.02 22:14:49

【三菱重工問題⑦】ＮＲＣ・米国原子力規制委員会は、立ち入り調査のチームが明らかにしたとするこれらの事象について、連邦法における法令違反がみられるとし、三菱重工に対し書簡の発行から30日以内に詳しい説明や違反理由などを回答するよう求めている。 http://t.co/6mVFFTe2

@8bit_HORIJUN　2013.01.02　23:20:59

【三菱重工問題⑧】サンオノフレ原発に近いSan Diegoの地元紙によると、先月28日三菱重工がＮＲＣからの書簡の質問に対して回答。部品の仕様変更を文書で記録しなかったことを認めつつも、基本的に検証試験の結果に問題はないという姿勢を示した。http://t.co/No4P8P5n

@8bit_HORIJUN　2013.01.02　23:34:36

【三菱重工問題⑨】三菱重工が製造したサンオノフレ原発の蒸気発生装置をめぐってはＮＲＣの調査で１万５千ヶ所以上に異常な摩耗が見つかったと報告。去年１月の事故以来運転を停止中だ。原発を所有する南カリフォルニアエジソンは三菱重工に対し修理や検査費用として36億円の支払いを請求している。

@8bit_HORIJUN　2013.01.02　23:42:46

【三菱重工問題⑩】南カリフォルニア・サンオノフレ原発の再稼働を巡るこの問題は日々情報が更新されているので、皆さんもぜひ注目を。ＮＲＣのＨＰに情報公開のサイトがあるのですが、三菱重工やＮＲＣの書簡もここで公開されています。ご活用下さい。

http://t.co/kanZ2qBg+

@8bit_HORIJUN　2013.01.03　00:04:21

【三菱重工問題〆】神戸の三菱重工施設に去年10月ＮＲＣ・米国原子力規制委員会の調査チームが立ち入り検査に入っていた事がＮＲＣの書簡に書かれていたが初耳だった。今回の改良部品の試験を巡る一連の問題を日本で取り上げていたのはロイターだけかと。海外メディアの一報、益々注視してしまう。

@8bit_HORIJUN　2013.01.03　00:08:21

徹夜でツイートしてしまったけど、アメリカの情報公開が日本に比べ如何に徹底されているかＮＲＣの公開する書類を眺めていて痛感した。三菱重工への書簡には関係者の名前やメールアドレス、電話番号などが記載されていたがそのまま公開。民間企業だから非公開に、ということはない。日本も必要だ。

（ここまで２０１３年１月、ここから２０１３年２月）

@8bit_HORIJUN　2013.02.07　12:05:20
【サンオノフレ原発事故・三菱重工問題続報①】去年1月、蒸気発生装置の配管の欠陥により水漏れ事故を起こした南カリフォルニアのサンオノフレ原発について、製造元である三菱重工や電力会社は設置前から、欠陥に気がついていたと地元上院議員が告発。 http://t.co/mnlZALSv

@8bit_HORIJUN　2013.02.07　12:14:55
【サンオノフレ原発事故・三菱重工問題続報②】三菱重工や電力会社が装置に欠陥があるのを知りながら原子炉停止などを避けるためそのまま設置を断行したと告発したのは地元カリフォルニア州選出の Barbara Boxer 上院議員。２０１２年に三菱重工が作成した文書を読み解き分かったとしている。

@8bit_HORIJUN　2013.02.07　12:25:45
【サンオノフレ原発事故・三菱重工問題続報③】Boxer 上院議員はＮＲＣ・米国原子力規制委員会に対し2月6日付けで文書を送付。三菱重工や電力会社に対する調査を行うよう強く求めた。 Boxer 上院議員が送付した文書のリンクはこちら。 http://t.co/rGBPzlnj

@8bit_HORIJUN　2013.02.07　12:33:34

【サンオノフレ原発事故・三菱重工問題続報④】去年1月三菱重工製の蒸気発生装置が事故を起こし原子炉が現在も停止しているサンオノフレ原発を巡っては、これまでにも、再稼働に向け設計し直した部品の安全検査が適正に行われていないとしてNRCが三菱重工の神戸事業所に立ち入り調査に入っている。

@8bit_HORIJUN　2013.02.07　12:42:33

【サンオノフレ原発事故・三菱重工問題続報⑤】去年1月の事故以来地元住民からは、電力会社などによる情報開示が徹底されておらず、安全対策が不十分だとして原子炉の再稼働に反対する声が広がっている。今回の告発もロイターはじめ各社が一斉に報じている。http://t.co/YlyDjQtc

@8bit_HORIJUN　2013.02.07　12:52:42

【サンオノフレ原発事故・三菱重工問題続報⑥】今回の告発について、電力会社南カリフォルニアエジソンは一部の報道機関に対し「適正な運用を行ってきた」とコメント。三菱重工からの発表は現在ない。この問題に関する前回のツイートはこちらに。http://t.co/pSP54fwl

@8bit_HORIJUN　2013.02.07　13:24:33

【サンオノフレ原発事故・三菱重工問題続報⑦】三菱重工は昨日、宮永俊一副社長を4月1日付で社長に昇格させる人事を明らかにしたばかり。三菱重工へNRCが立ち入り調査に入っていた件が去年暮れに明らかになった際、米国メディアは一斉にそれを報じたが、日本メディアの多くはこれを報じなかった。

@8bit_HORIJUN　2013.02.07　16:20:48

【サンオノフレ原発事故・三菱重工問題続報⑧】三菱重工と電力会社が蒸気発生装置の欠陥を知りながら原子炉の長期停止を避けるため設置を断行したとするBoxer上院議員の告発を受け日本時間8日午前3時に米国原子力規制委員会が公聴会。webでも公開。http://t.co/zrpevRmV

@8bit_HORIJUN　2013.02.08　00:41:43

【サンオノフレ原発事故・三菱重工問題⑨】昨年事故を起こした南カリフォルニアの原発について、装置製造元の三菱重工や電力会社が欠陥を知りながら設置を断行したという地元上院議員の告発についてのTweet。まとめがこちらにあります。　http://t.co/OkFI7b9i

@8bit_HORIJUN　2013.02.08　10:09:57

【サンオノフレ原発事故・三菱重工問題⑩】昨晩ツイートした、カリフォルニア選出の上院議員の告発について、朝日新聞も今朝の朝刊で報じた。皆さんにもリンクを共有。原発配管の改良「三菱重が拒否」米議員ら徹底調査要求 - 朝日新聞デジタル http://t.co/j4Pj4jyd

---

２０１３年７月のクレヨンハウス講演で語った後、２０１３年９月に出版された『僕らのニュースルーム革命』（幻冬社／刊）にも、このエピソードは詳しく収録されています。

*32　モックアップ試験……mock-upとは実物同様につくられた模型を言う。使用中の原子炉と同等の模型を使った耐久試験のこと。

第4章 組織を超えたところで展開する情報発信

●キャスターとして情報発信する場が消えていく

アメリカ合衆国に行って、**サンオノフレ原発などのことをツイッターでいろいろ書いていると、ＮＨＫ上層部からの締めつけはさらに厳しくなっていきました。**本当は日本に戻ってくるタイミングで、夜の24時からやっているニュース番組のキャスターに返り咲く話なども、ぼくを応援してくれる先輩や同僚たちは画策してくれていたのですが、握り潰されました。それがダメなら、元々やっていた「ニッポンのジレンマ」という番組が月間のレギュラーに昇格するので、そこのメインに戻るという話でしたが、それも最終段階、２０１３年1月になってポシャッてしまいました。

その代わりに「きょうの料理」の担当になりました（笑）。ところが「きょうの料理」のプロデューサーというのが、札幌放送局から転勤してきて間もないプロデューサーで、「ぼくはね、堀さんがたたかっているようすを札幌で見ていて、ぜひ支援したいと思っていたんです。ここから、様々な発信をしていきましょう！」と（笑）。

「そうですよね！　料理にはいろんなメッセージも込められますよね、食も大事ですし！」

　そうして、めげずにスケジュールなども立てていたのですが、帰国する寸前に、ある事件が起こりました。

●情報公開は機密漏洩？

　アメリカにいる間に、ぼくは映画をつくりました。それは日本の原発事故とアメリカの原子力災害のその後を追ったドキュメンタリー映画で『変身』というものです。それを研究成果物としてＵＣＬＡで発表して、非常に話題になりました。すると、週刊誌の「フライデー」がそれを取材に来て、『ＮＨＫアナウンサー　反原発映画を制作』と、バーンと記事を出したのです。反原発……まあ、原発に対しては非常に厳しい目で見ている映画だけれども、ひとことで反原発と言われちゃうと、事実を飛び越えてイデオロギー（概念）的なものが強くなってしまい、ちょっと困りました。ことばのイメージだけで捉えがちなひとも多いので、もうちょっと丁寧に記事を書いてほしかったなと思うんですけれども。

　それが局内で問題になり、ぼくが成田空港に着いたら上司が待っていて、「聞き取りがあるから来るように」と。その頃、携帯に電話が来て、衣装さんから「堀さん、明日と明後日に計画されていた収録がキャンセルになったみたいですね～。次回が決まったらまたおしえてくださいね」というすごく無邪気な連絡を受けました。上司に「収録がキャンセルってどういうことですか？」と訊くと「全部いったん白紙になったから」と。

そして、事情聴取がありました。すごいんですよ、総合リスク管理室という部屋があるのですが、会長直属の聞き取り部署で、ＮＨＫに関わるあらゆるリスクを事前に把握して潰すというところなのです。放送センターの20何階かにあって、ふかふかの絨毯の部屋で、そこで6時間くらいの取調べがあるんです。ツイッターでいままで喋った内容が全部プリントアウトされて用意されていました。

「君はどういう思いでこういうことを書いたんだ？」

「いや、これはこうこうで、こういう現場だったんで、こういうふうな事実を述べたんです」

「いや、違うだろう。君はこういう思いで書いたはずだ」

「いやいやいやいや、違いますよ。こういう思いで書いたんです」

「いや、違うはずだ」

相手にはすでにストーリーがあって、そのストーリーに合うように導く尋問がはじまりました。本当に警察の取り調べみたいでした。相手の手元の資料の束からチラッと見えているところに、「堀、懲戒処分の2条、3条に該当しないか」と書いてありました。2条、3条を見ると、内部情報の漏洩の筋であげられないかという意味あいです。

つまり**ツイッターでニュースの過程などを明らかにすることは、内部情報の漏洩だということで、懲戒処分にしてしまえ、という意味**なのかと。「なるほど、こういう筋書きで尋問されているのか。ＮＨＫでたたかい続けるのは、なかなか難しいかもしれないなあ」と思いました。

●懲戒処分ではなく、退職を選んだ理由

それでも、その瞬間は辞めようとは思いませんでした。友だちや関わったひとたちに相談してみても、「まあ、懲戒処分もありかもしれないけどね、それでも視聴者に現場の本音や事実を闘いながら伝え続ける、というメッセージとしては」と言うわけです。「それでもちゃんとしたことを言うっていうのは大事だし」と。「そうだよなあ、大事だよなあ」と思いつつも、引っかかることがありました。

世間、社会というのは、そういう細かい文面、できごとの背景までは受け取ってくれないので、１回「懲戒処分」と言われたら、そのあとぼくがどんな発信をしても、「懲戒処分アナウンサーでしょ。どうせいい加減なこと言ってるんでしょ」みたいにしか受け取られないだろうな、と。それだったら、もう辞めようと思いました。**ＮＨＫの内側でまだ改革しなければいけない部分が残っているのであれば、ＮＨＫの外側に出たうえで、みんなの力で改善してゆくことをやっていけばいいかな、と。**

海外にいて本当に思ったのは、表現の自由の受け皿になっているのは、どの国もやっぱり「公共放送」なのです。アメリカには、ＰＢＳ（Public Broadcasting Service）という、市民のドネーション（寄付）によって成り立っている放送局が１０００もあるんです。ケーブルテレビ局がやっていたり、完全に民間がやっていたり、完全に市民が立ち上げていたりします。そういうものはドイツにもフランスにもあります（＊33）。さらにイギリスのＢＢＣ（British

Broadcasting Corporation）は、市民の持って来た映像というのはそのままＢＢＣの時間に流すという、パブリックアクセス（＊34）という権利がきちんと保障されていて、市民だけで取材をするのはきついだろうということで、ときにはＢＢＣのカメラマンやディレクターも派遣して、一緒に番組をつくっています。韓国でもＫＢＳ（Korean Broadcasting System）という公共放送があります。ここも同じように、市民が取材したものをそのまま全部ちゃんと流す仕組みがあります。

　このような海外の実状を考えると、やっぱり**これから日本のメディア全体をみんなで変えていって、市民がメディアに参画できるようにしなければいけないな**、と思い、ぼくはＮＨＫを辞めました。

＊33　ドイツやフランスの公共放送……ドイツにはＡＲＤ（Arbeitsgemeinschaft der öffentlich-rechtlichen Rundfunkanstalten der Bundesrepublik Deutschland）やＺＤＦ（Zweites Deutsches Fernsehen）がある。フランスにはフランス・テレビジョン（France Télévisions）がある。

＊34　パブリックアクセス……市民が公共の資源にアクセスする権利のこと。テレビやラジオの電波も公共の資源とされているため、アメリカ合衆国やヨーロッパ、韓国などでは、法律によって市民がニュースなどを自由に流すことが権利として保障されている。日本にはまだ明確に保障された権利はない。

● 発信は8bitNewsから

　ぼくはいま、「8bitNews」（＊35）というインターネットサイトを構えていまして、これは一般のひとたちが自分で、スマートフォンだったり、自分のカメラで撮った映像をそのまま投稿できるサイトです。ユーチューブ（＊36）ってありますよね。誰もが投稿できる動画サイトなんですが、世界中に広がっているから、膨大な海みたいなもので、そこに投稿してもなかなか見てもらう回数が限られていたり、見つけだすのが大変なわけです。そういうこともあって、とくに「市民が伝えるニュース」の受け皿になるよう、「8bitNews」という場をつくって、どんどん投稿してもらっているんですね。そして「8bitNews」に投稿したいというひとがいたら、「こんなふうにしてみたらどうですか」と、ぼくらのほうからアドバイスをしたりとか、一緒に取材をしてみたりとか。さらにそれがインターネットのなかだけで終わるのではなくて、より大きなメディアとも協業体制をしいています。たとえば最近だと、ザ・ハフィントンポストや朝日新聞などのチームが「8bitNews」と連携し、サイトに投稿された画像を見て、それを元に記事を書いてくれました。記者本人は現場に行ってないけれども、画像に映っているものはそのまま事実なので。それをきっかけに、その動画をさらにたくさんのひとが見るようになったということがありました。

　いままで、マスメディアとインターネットメディアは並行関係にありました。むしろ、互いにおとしめあっていたところすらあった。「インターネットのほうが偉いみたいじゃないか」というひとがテレビ側にいたり、逆にネット側は過剰に「あんなマスコミなんて！」と言っていたりして。でもぼくは両方を知っていて、両方いいところがあるので、それをうまく掛け合わせてやっていくのがいいんじゃないかな、と思っています。そういうことを実現させたい。

「8bitNews」のサイトは、いまリニューアルをしていて、今年（２０１３年）の秋に本格的に稼動させようと思っているところです。ＮＰＯとして運営していますので、ぜひ資金などのご支援を頂けると大変ありがたいと思いつつも……その辺は、まあ控えめにしておきます（笑）。

＊35　8bitNews……堀さんが主宰する市民ニュースサイト（http://8bitnews.asia/wp/）。由来は「地上波でニュースを流していない時間帯が土曜8時」であることから連想し、「8bit の画像だったファミリーコンピューターに熱狂した世代が中心」であることから名づけられた（参照 http://8bitnews.asia/wp/?p=12190#.UfqJsLuChgI）。

＊36　ユーチューブ……動画投稿サイト（http://www.youtube.com/?gl=JP&hl=ja）。動画のジャンルは問わず、無料で投稿・閲覧が可能。

●自主制作ドキュメンタリー映画『変身』とは

ＵＣＬＡ時代につくった映画『変身』の冒頭シーンは、「福島がいまどうなっているのか?」という映像です。**福島の原発事故からは２年と４ヶ月（２０１３年７月14日現在）も経ったのですが、警戒区域が解除された地域でも、まだ震災直後のまま、手つかずでした。地元の方々の問題も、まだ何も解決していない。**

さきほどもお話したように、原発事故そのものの原因究明だって、何もできていません。そんな状況で、いま国は原発を輸出し、そして国内の原子炉をどんどん再稼動しようとしています。三菱重工製の原子炉も水蒸気発生装置も、日本にはたくさんある（＊37）んですよ。原発にまつわるいろんなことが、すべてうやむやになったまま、日本はいろんなものごとを進行しようとしているので、インターネットなどを使って、更なる争点をつくっていきたいと思いま

写真／ドキュメンタリー映画『変身』の1カット

写真はスリーマイルアイランド原発。映画では、東京電力福島原発だけでなく、海外の原発についても扱われている。（写真提供：堀潤さん）

す。**「福島の原発事故を忘れない」**とか、**「原発の問題を解決する」**とか、そういうことを徹底していかないといけないんじゃないか、と。

この映画は、今後公開していこうと思っています。詳細は、ツイッターや「8bitNews」のサイトを通じてお知らせしていく予定です。

＊37　三菱重工製の原子炉・水蒸気発生装置……国内で三菱重工製の原子炉は以下の通り。北海道電力の泊原発3基すべて。日本原子力発電の敦賀2号機。関西電力の美浜原発3基すべて・大飯原発4基すべて・高浜原発4基すべて。四国電力の伊方原発3基すべて。九州電力の玄海原発4基すべて・川内原発2基すべて。

●ＮＨＫはまともになれるか（２０１３年７月１４日の質疑応答より）

Ｑ　堀さんは、ＮＨＫがビジネスや大企業向けではなく、まともなジャーナリズムを取り戻せる日が来るとお考えでしょうか。

Ａ　はい、ぼくは来ると思っています。

やっぱりＮＨＫは、本当の公共放送になるべきだと考えています。海外のように、パブリック・アクセス権が保障され、市民が自由にニュースを流せる特定の放送局に。それが本来の公共放送の役割です。視聴者の受信料によって放送が成り立っている、つまりＮＨＫはパブリック・ステーションなんです。だから「ＮＨＫに本当の公共放送を取り戻す」ということを、もっと明確に一人ひとりのみなさんから提案して、それが世の中に浸透していけば、ぼくはＮＨ

Ｋが変わると思っています。

「ＮＨＫを、ちゃんとした公共放送にしたい」ということを高らかに、仲間を率いて言いたいからこそ、ぼくはＮＨＫを辞めたので、ぼくが生きている以上はがんばります。ＮＨＫは辞めたんですけど、辞めたいまも、自分は「公共放送人」だと思っているんですよね。やっぱりメディアはそういうふうにあるべきだし。やっぱりＮＨＫのインフラはすごいんですよ。積み上げてきた圧倒的な財産があるわけですから、あれを市民のみなさんでちゃんと分かち合えるような放送局を日本につくるということは、絶対大事だと思っているので。

ぼくたちだけでなく、「みんな」でやり切れたらなと思っています。力を貸してください。よろしくお願いします。

堀 潤

ほり・じゅん／1977年生まれ。01年にNHKに入局。岡山放送局で情報・報道番組『きびきびワイド』などを担当。のちに東京アナウンス室に異動して、報道番組『ニュースウオッチ9』『Bizスポ』などを担当する。震災後、番組を担当する傍ら、twitterで独自に原発の情報発信を続ける。ロサンゼルスで自主制作したドキュメンタリー映画『変身』をめぐり、13年4月に退職。拠点を市民ニュースサイト「8bitNews」に移し、報道活動を続けている。著書に『僕らのニュースルーム革命』（幻冬舎）、『僕がメディアで伝えたいこと』（講談社現代新書）がある。

わが子からはじまる
クレヨンハウス・ブックレット　013

原発の是非を問うことと、
わたしたちがやるべきこと

2013年11月5日　第一刷発行

著者　堀 潤
発行人　落合恵子
発行　株式会社クレヨンハウス
〒107-8630
東京都港区北青山3・8・15
TEL　03・3406・6372
FAX　03・5485・7502
e-mail　shuppan@crayonhouse.co.jp
URL　http://www.crayonhouse.co.jp
表紙写真　ジレンマ×ジレンマ（堀潤さん提供）
装丁　岩城将志（イワキデザイン室）
印刷・製本　大日本印刷株式会社

ISBN 978-4-86101-263-1
C0336 NDC071
Printed in Japan